AF249870

NOUVELLE DISSERTATION

SUR

LE SIECLE PROCHAIN,

Où l'on fait voir

Que l'année 1700 est la premiere du Siecle.

Par M.....D. Avocat en Parlement.

À PARIS,

De l'Imprimerie de JEAN MOREAU, ruë Galande, à l'Enseigne de Saint Jean l'Evangeliste.

M. DC. XCIX.

AVEC PERMISSION.

DISSERTATION

*Où l'on fait voir que l'année 1670
est la premiere du Siecle prochain.*

IL y a trop de gageures sur la solution du problême en question, pour laisser sans réponse une Dissertation qui vient de paroître, & qui ne plaît pas à tout le monde. Je suis de ceux qui ont pris parti contre l'opinion de l'Auteur, mais sans rien gager. Ainsi, ne m'étant déterminé par aucune raison d'interest qui m'ait pû faire illusion, j'ay crû pouvoir proposer, comme a fait l'Auteur, les motifs qui m'ont arrêté dans l'opinion contraire.

On demande combien nous avons des mois à compter du premier Janvier 1699. jusqu'au commencement du siécle prochain.

L'Auteur propose mal la question, disant qu'il s'agit de sçavoir, si le siécle doit commencer en commençant 1700. Tout le monde convient, que le siécle étant composé de 100 ans inclusivement, toute

A

l'année 1700. appartient au premier siécle; & par conséquent qu'en commençant 1700, l'on n'est point à la fin du 17e siécle; cela ne souffre point de difficulté, & il n'y a point de Sixiéme qui ne décide que les 1700 ans doivent être complets, le 18e siécle commençant: mais la vraye question est de sçavoir si les 1700 ans ne seront pas complets lorsque nous serons sur le point 1700. Il faut bien éviter de prendre le change, comme a fait l'anonyme, qui n'est pas même entré dans l'état de la question.

On agite encore une question tres-indiffrente, quand on demande en quelle année du monde, & en quel jour de cette année Jesus Christ est né; la vraye question dont il s'agit, est de sçavoir si l'Ere Chrétienne a commencé au moment de la Naissance, ou douze mois aprés la Naissance de Jesus-Christ.

Ces deux questions ainsi proposées, je ne vois pas qu'il y ait lieu de soûtenir que depuis le mois de Janvier 1699. il y ait vingt-quatre mois jusqu'au commencement du 18e siécle; & cela par plusieurs raisons.

Premiere raison. Il n'est pas possible de penser qu'en arrêtant la premiere année de l'Ere Crétienne, on se doive écarter de la maniere ordinaire de compter les mois, les années, & les siécles. On compte une heure aprés soixante minutes passées, un jour civil aprés vingt-quatre heures, une semaine aprés sept jours, un mois aprés trente jours, un an aprés douze mois, une olympiade aprés quatre ans, un lustre aprés cinq ans, une siécle aprés cent ans; de ce principe suivent deux conséquences. La premiere : qu'on n'a commencé à compter la premiere année de l'Ere Chrétienne, que douze mois aprés la naissance ou la mort de Jesus-Christ. La seconde: que si l'on n'a pû parvenir à la premiere année de l'Ere Chrétienne, que cette année ne fût accomplie, il est impossible de parvenir à la 1700e année de l'Ere Chrétienne, qu'elle ne soit accomplie, & par conséquent que le 17e siécle ne soit fini en comptant 1700. Les Juges naturels de cette opinion sont les Astronomes, ce sont eux qui dressent & réforment le Calendrier, mais jamais Astronome ne compta le premier an de l'Ere Chrétienne, que douze mois aprés la Naissance ou la Mort de Jesus-Christ.

Seconde raison. Si l'année entiere depuis 1700. jusqu'à 1701. est encore du 17e siécle, donc le 18e siécle n'aura que 99 ans, car si de 1800. vous ôtez 1701. il ne reste que 99 ans pour le siécle prochain, ce qui est absurde.

Troisiéme raison. Pour écrire en chifres

17 siécles, je me sers des nombres suivans 170ο. Cependant si l'année entiere depuis 1700. jusqu'à 1701 inclusivement est du 17ᵉ siécle, il faudra exprimer 17 siécles par 1701 ce qui est absurde : si l'on dit, que ce n'est que l'année entiere depuis 1700. jusqu'à 1701 exclusivement qui soit du 17ᵉ siécle, il faudra convertir en zero le dernier chifre de 1701, ou du moins avertir, qu'il est là, pour signifier plûtôt le premier moment que la premiere année du siécle suivant, & comme le premier moment du siécle suivant doit être précisement le dernier moment du siécle present ou du 17ᵉ siécle, il s'ensuit *primo*, que le dernier chifre de 1701 n'ajoûte rien; *secundo*, que n'ajoûtant rien, il peut être converti en zero pour avoir 1700: *tertio*, que s'il suffit d'avoir atteint le nombre 1700 pour avoir 1700 ans accomplis, il n'est pas necessaire d'aller au nombre 1701.

Quatriéme raison. Il y a un parallele exact & geometrique entre une espace de tems divisé en 100 ans, & une ligne divisée en 100 parties égales. Il est certain, que les divisions marquées selon l'ordre des chifres, on ne sera pas plûtôt parvenu au nombre 100 que les 100 parties égales se trouveront entierement parcouruës. Cela mis en fait, il est facile d'en venir à l'experience ; on voit tous les

jours arriver la même chofe dans la revolution des montres & des horloges, fi tôt
que l'aiguille eft arrivée fur le point 12,12
heures font complettes, il ne peut y avoir
de la difference de cette revolution à
celles des années & des fiécles, puifque les
revolutions des années & des fiécles ne
font compofées que des revolutions parti-
culieres des montres & des horloges ; & il
eft fi vray que toutes ces revolutions ne
different que du plus au moins &
roulent fur les mêmes principes , que
nous avons en France, comme à Lyon,
Tours, Strafbourg, des horloges difpo-
fées , de maniere que les mêmes refforts
qui font parcourir à l'aiguille le cercle de
12 heures, font mouvoir une autre aiguille
qui marque les revolutions de la Lune, du
Soleil & des Siécles.

Cinquiéme raifon. Ce qui fait l'erreur
des adverfaires , eft de s'imaginer une
année, où il ne faut imaginer qu'un point
ou le commencement d'une année : cela
paroît fenfiblement dans les figures fui-
vantes. Soient deux lignes A B, CD égales ,

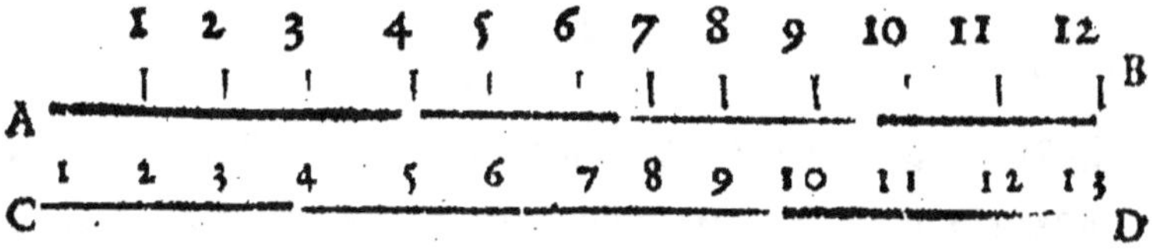

```
      1   2   3    4   5   6   7   8   9   10  11   12
      |   |   |    |   |   '   |   |   |    '   |    | B
A ————————————————————————————————————————————————————
      1   2   3    4    5   6    7   8   9   10   11   12  13
C ————————————————————————————————————————————————————
                                                         D
```

& ayant 12 divifions égales. Ayant divifé

la ligne A B ainſi qu'elle paroît diviſée, je l'ay diviſé comme tous les Geometres la diviſeront. Dans cette diviſion ſe trouve deux choſes, *primo* que le chifre 1 ne ſe trouve marqué qu'à une certaine diſtance du commencement de la ligne A B, *ſecundo* que l'on n'eſt pas plûtôt parvenu au point 12, que les douze diviſions ſe trouvent entierement parcouruës ; mais en diviſant la ligne C B comme les adverſaires la diviſent, & comme jamais Geometre ne la diviſera, je trouve premierement que le chifre 1 eſt tres-inutilement au commencement de la ligne C D, & qu'il faut 13 chifres pour enfermer douze diviſions.

On ſuit évidemment la derniere diviſion dans l'explication contraire, & contre toute raiſon. Ce qui vient de ce qu'on s'imagine qu'étant arrivé au point 12 de la premiere diviſion, le 12e eſpace n'eſt point parcouru. Cependant ſi toute la ligne diviſée en 12 eſpaces égaux ſe trouve parcouruë lorſqu'on eſt arrivé au point 12 de la ligne A B, il faut neceſſairement que le 12e eſpace ſoit parcouru; mais pour lever tout le doute, il n'y a qu'à faire de la ligne A B une circonference diviſée en douze parties égales. Dans la figure on verra que l'eſpace qui appartient au nombre 12, eſt celuy qui ſe trouve entre le nombre 11, & 12, n'étant pas possible de penser que l'espace qui appartient au nombre 1, soit celuy qui se trouve entre 1 & 12 qu'en même tems, & par une même raison l'espace qui appartient au nombre 12, ne soit celuy qu'on trouve en rétrogradant entre les nombres 11 & 12 ; car c'est une chose à laquelle on ne prend pas garde, que tout nombre est le signe & la mesure de quelque chose qui rétrograde, & qui a donné lieu de poser un tel chiffre.

Ceux qui ont divisé le tems par les siécles, & les siécles par les années, ont divisé le tems comme l'une ou l'autre de ces deux lignes se trouve divisée ; il ne s'agit plus que de sçavoir, s'ils ont divisé comme la ligne CD est divisée, ce qui qui n'a pas de vray-semblance.

Sixiéme raison. Si l'on demande à tous les Jurisconsultes, quel jour s'accomplira la prescription de 100 ans à raison d'un heritage appartenant à l'Eglise Romaine, dont on a commencé la possession le premier Janvier 1600, tous vous répondront unanimement que la prescription sera acquise le premier Janvier 1700. En quoy ils ne disent autre chose, sinon qu'il faut parcourir l'espace qui est entre 1600 & 1700 pour avoir 100 ans, ce qu'on ne sçauroit trop remarquer dans la question où il s'agit du tems de la prescription.

Septiéme raison. Cette maniere de compter n'est point particuliere aux Jurisconsultes ; dans l'usage du monde, si tôt qu'un homme a atteint 20 ans , il a 20 ans accomplis : & il n'entre dans sa 20e qu'en sortant de la 19e ; dans l'Eglise, si tôt qu'un Clerc a atteint 24 ans , il a 24 ans complets : s'il ne les avoit pas complets , il n'enentreroit pas dans sa 25e année, & il ne pourroit pas être Prêtre dans l'an. Il y a encore d'autres raisons qui se trouverontplus naturellement dans les réponses aux objections de nos adversaires.

OBJECTIONS.

Premiere objection. Un homme n'a point fait 12 lieuës quand il n'a commencé que la 12 lieuë ; de même l'on n'a point fait 1700 quand on ne fait que d'entrer en 1700.

Réponse. Toute la parité est vraye, mais on nie que cet homme commence la 12 lieuë , quand il est sur le point 12 ; l'on soûtient au contraire, & cela est démontré par la premiere figure , que les 12 lieuës sont faites quand il commence à compter 12, parce que l'on entre dans la 12e lieuë en sortant de l'onziéme.

Seconde objection. Un homme à qui l'on doit payer 100 écus complets , n'est pas payé qu'il n'ait 100 écus complets , il n'eſt pas payé de 99 écus ; & l'on a beau entrer dans le centiéme , ſi le centiéme n'eſt pas parfait , il ne ſera pas parfaitement payé. *A pari* le 17ᵉ ſiécle n'eſt pas fini , ſi les 1700 ans ne ſont pas complets , & ils ne ſont pas complets , quand on n'eſt qu'entré dans l'année 1700ᵉ.

Premiere réponſe. On accorde , & l'on accordera toûjours , que les 1700 ans doivent être complets ; mais on prétend que les 1700 ans ſont auſſi exactement complets , quand on eſt parvenu au nombre 1700 ; qu'il eſt vray de dire , qu'on a compté 100 écus , quand on eſt parvenu au centiéme écu.

Seconde réponſe. L'objection eſt ſophiſtique ; car ou les écus ſont pris dans l'objection pour des corps indiviſibles, ou pour des ſignes qui marquent des ſommes diviſibles : au premier cas, on raiſonne ſur un faux principe, on ne peut ſuppoſer qu'on puiſſe entrer dans le centiéme écu ; car comme on n'y peut entrer que par une partie , ce ſeroit donner contre l'hypotéſe à l'écu des parties qu'il n'a pas : au ſecond cas , ſi le centiéme écu ſignifie une ſomme diviſible, tous ceux qui le precedent, étant de même nature & dénomination , ſont auſſi des ſignes de

sommes divisibles ; & par conséquent pro-
portionnelles aux 100 divisions d'une
ligne en 100 parties égales. Or il a été
cy-deſſus démontré que l'on ne peut parvenir en comptant au nombre 100, que
les 100 diviſions ne ſoient toutes comptées.
Ainſi dans la ſeconde hypoteſe , le dé-
biteur ne pourra être parvenu au centiéme écu , qu'aprés avoir compté tous les
100 écus.

Troiſiéme Objection. Nous ſommes con-
ſtamment dans l'année 1699. Tout ce qui
ſe paſſera cette année , ſe rapportera à l'année 1699. Tous les actes de Juſtice , tous
les Contrats de cette année ſeront dits de
l'année 1699. Cependant ſi nous courons la
centiéme année , comment ſommes-nous
en 1669 ? comment rapporter à l'année
1699 des faits arrivez dans le cours de la
centiéme année ? Et ſi nous ne courons
pas preſentement la centiéme année,
comment 1700 ans ſeront-ils complets à
la fin de 1699, qui nous ouvrira ſeule-
ment la 1700e année , qui doit eſtre cou-
ruë comme la 1699e.

Réponſe. Cette objection , qui eſt la plus
ſpecieuſe , eſt encore fondée ſur un faux
principe. Si nous courons preſentement
1699 , on a raiſon de dire que le Siecle
prochain ne commencera qu'en 1701.
Mais s'il eſt vray , comme je le prétens,

que dés le premier Janvier 1699 nous courons la 1700ᵉ année, il s'enfuit qu'à la fin de cette presente année la 1700ᵉ année sera complette. Avec les figures cy-dessus on démontre mathematiquement, que d'une ligne divisée en plusieurs parties égales chifrées dans l'ordre naturel, la partie de cette ligne qui suit un nombre allant de la gauche à la droite, n'appartient point à ce nombre, mais à celuy au respect duquel cette partie va de la droite à la gauche. D'où il s'enfuit que le tems qui court depuis qu'on a compté 1699, appartient uniquement à la 1700e année. Ainsi, dire par exemple, il neigea le quinziéme Janvier 1699, c'est dire, il neigea le quinziéme Janvier couru depuis 1699. Ceux qui ont commencé à compter de cette maniere, l'entendoient ainsi, & il seroit aussi ridicule de ne pas croire le mois de Janvier 1699. posterieur à l'année 1669, qu'il seroit extravagant de penser que le mois de Janvier depuis la fondation de Rome, *ab urbe condita*, n'est pas posterieur à la fondation de Rome. Si je voulois écrire algebriquement le quinziéme de Janvier 1699, je me servi-rois de cette expression 1699 + 15. S les 15 font le plus, donc les quinze jours ne font point de 1699. Cependant on dit bien, quand on dit, il neigea le quinziéme Janvier 1699, & il n'y a qu'à refor- mer ce qu'on entend communément, en pensant que cela signifie qu'il neigea le quinziéme du mois de Janvier qui a couru depuis 1699.

On ne comprend pas d'abord, com- ment estant dans la 1700ᵉ année dés le quinziéme Janvier 1699, on ne donne point aux actes de cette année la datte de 1700. Mais pour peu qu'on y pren- ne garde, c'est la mesme chose que si l'on dattoit de 1700. Car quand on dit le quin- ze Janvier 1699, l'année 1699 est à l'a- blatif ; ce qui fait le mesme effet que si l'on écrivoit le quinziéme Janvier mil six cent quatre-vingt-dix-neuf passé, & en Latin *anno millesimo nonagesimo nono die decima quinta Januarii*. Ainsi pourveu qu'- on sçache le cas où l'on met l'année 1699, on peut se servir de l'expression ordinaire pour le cours de l'année 1700.

Quatriéme objection. L'année Jubilaire des Juifs s'ouvroit toûjours dans la 50ᵉ année, & par reduplication dans la 100ᵉ On ne peut pas dire que les Juifs faisans le Jubilé dans la 100e année, les 100 ans fussent revolus, cela est contraire au texte, l'année Jubilaire ouvroit le 7 mois de la 50e année, & par conséquent le 17 mois de la 100ᵉ. *Numerabis quoque tibi septem hebdomadas annorum, id est septies septem que faciunt annos quadraginta novem, & clanges buccina mense septima 10a die mensis propitiationes tempore in universa terra nostra, sanctificabis que annum quinquagesimum, & vocabis remissionem cunctis habitatoribus terra tua, ipse est enim Jubilæus.* L'application de cecy est aisée à faire. L'année Jubilaire de l'Eglise est une imitation de celle des Juifs. Quand les Juifs faisoient le Jubilé dans la 100° année, la 100° année n'étoit pas revoluë. Ainsi quand l'Eglise ouvre le Jubilé tous les 100 ans, il ne s'ensuit pas que les 100 ans soient revolus. D'où il s'ensuit 1°. Supposé que l'ouverture du Jubilé arrive en 1700, nulle conséquence pour la revolution du 17° siécle. 2° Si nous avons suivi, comme il y a de l'apparence, les Juifs dans le calcul des années & des siécles, il y a tout lieu de penser que comme les Juifs arrivans à la 50° année, ne disoient pas cette 50° année complette ; de même arrivant à la 1700° année, nous ne pourrons pas dire que les 1700 ans soient complets.

Premiere réponse. Il se peut faire qu'on puisse argumenter du commencement de l'année Jubilaire au commencement du siécle prochain. On peut même penser que l'Eglise s'est moins déterminée à l'institution du Jubilé par des raisons tirées de la revolution des siécles, que par la pratique de l'Eglise Juïve, dont elle a voulu imiter l'exemple, dans laquelle Eglise le Jubilé doublé fermoit plûtôt le siécle, qu'il n'ouvroit le suivant. Il se peut faire aussi, que l'Eglise en fixant les années Jubilaires, ne s'est pas déterminée par le nombre misterieux des sept semaines d'années, mais qu'elle a prisdes Juifs l'institution du Jubilé, sans suivre précisément le tems de célébration Juïve, comme elle a retenu l'institution du Sabath & de la Pâque de l'ancienne loy sans retenir le tems où les Juifs celebrent ces saints jours. Ainsi au lieu de finir avec les Juifs le siecle par l'année Jubilaire, l'Eglise aura déterminé cette année Jubilaire pour l'année suivante qui occuppe dans notre hypotese le siécle prochain.

Seconde réponse. Cette objection est encore sophistique. Il y a de la difference entre compter 50 ans, & entrer dans la 50e année. On peut entrer dans la 50e année sans avoir 50 ans. Mais on ne peut compter 50 ans, que la cinquantiéme année ne soit complette. Ainsi il sera impossible de compter 1700 ans, que 1700 ans ne soient complets. Quoyque les Juifs entrassent dans la 50e année, ils ne comptoient pas pour cela 50 ans, ce qu'on devroit prouver pour donner quelque force à l'objection.

Objection. Le dix septiéme siecle ne finira point cette presente année, si nous ne courons pas presentement la 1700e année; nous ne courons pas presentement la 1700e année, si le tems qui court est de la 1900e. Or il est clair que le tems qui court, est de la 1699e. Car comme le quinziéme Janvier de la premiere année de l'Ere chrétienne est le quinziéme Janvier de cette premiere année, & non de la deuxiéme: le quinziéme Janvier de la deuxiéme année est de la deuxiéme, & non de la troisiéme, ainsi de suite. De mesme le quinziéme Janvier de l'année 1699 est de l'année 1699, & non pas de l'année 1700.

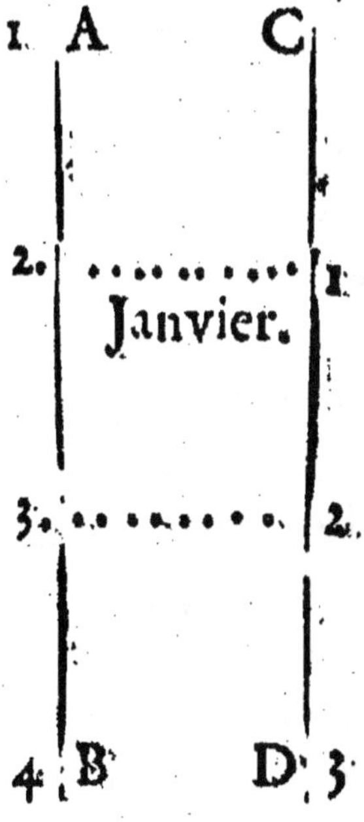

L'erreur vient de vouloir compter les années comme on compte les divisions d'une ligne.

Soient les deux lignes A, B, C, D, representantes les trois premieres années de l'Ere chrétienne. Par rapport à la ligne A B divisée chronologiquement, Janvier paroist estre ce qu'il est, c'est-à-dire le 1er mois de la seconde année, & par rapport à la ligne C, D, Janvier paroist être ce qu'il n'eſt pas, c'eſt-à-dire, le premier mois de la premiere année.

Le Chronologiſte & le Geometre di-viſent également, mais chifrent differem-ment ; parceque le premier compte par adjectif & l'autre par ſubſtantif. Chez le premier deux eſt deuxiéme, & chez l'au-tre deux eſt deux, ce qui eſt tres-different. Dés le premier mois de la premiere an-née du monde, ſuppoſé que ce fût le mois de Janvier, on a écrit le mois de Janvier premiere année : dés le premier mois de la ſeconde année, le mois de Janvier de la ſeconde année, *& ſic in infinitum*, ſans attendre qu'on fût par-venu au point qui fait la clôture de cha-que année. Ainſi le Chronologiſte ſera par exemple ſur le 2. lorſque le Geometre ne ſera que ſur le 3. ou lorſque l'aiguille d'une montre ne ſera que ſur le 2; ce qui eſt la même choſe.

Premiere Réponſe. Il n'eſt pas certain qu'on ait dit dés le premier mois de la création du monde, nous ſommes dans le premier mois de la premiere année, puiſqu'une année n'étoit point paſſée ; on comptoit probablement de la création du monde, & l'on diſoit eſtre dans le premier mois ; l'on ne compta l'année qu'aprés qu'elle fut ex-pirée, ſuivant la maniere de compter dans les Horloges, où l'on voit en petit la ma-niere de calculer les années & les ſiecles.

Et lors qu'on fut arrivé à l'année suivante, on commença à compter dés le premier mois de cette année, le premier mois de la premiere année, *id est à primo anno*; comme on avoit dit auparavant, *ab orbo condito*; on ne pouvoit pas dire le premier mois de la deuxiéme année, quoy qu'on entrât dans la deuxiéme, parce que cela supposeroit qu'on auroit déja compté par premiere année, ce qui est contre l'hypothese.

C'est ainsi que la premiere année de la sortie de l'Egypte on ne compta point d'abord par premiere année, mais on compta depuis la sortie d'Egypte, *mense tertio egressionis Israël de terra Ægypti. Exod.* 19.1.

Deuxiéme Réponse. La solution de ce Probleme dépend de la maniere dont ont compté les premiers hommes. Non-seulement il est probable, comme je le viens de dire, qu'ils ont suivi la maniere dont ils ont compté sur les Cadrans, mais il paroist encore par l'Ecriture, que la maniere de compter cent, par exemple, pour entrer en la centiéme année, n'estoit point en usage. 1. Quand l'Ecriture veut dire qu'Adam engendra Seth dans la 131e année de son âge, elle dit, Adam avoit passé 130 ans lorsqu'il engendra Seth, *vixit autem Adam centum triginta annis & genuit Seth. Genes.* 5.4. Elle s'explique ainsi dans toutes les gene-

rations des premiers hommes. 2°. Quand
l'Ecriture parle par quantiéme année ;
c'est la même chose comme si elle s'expli-
quoit par un nombre final. Il y en a un
bel exemple dans la vie de Noë. Ce saint
Patriarche avoit constament 600 ans pas-
sés lorsque le deluge commença, *Eratque
sexcentorum annorum. Genes* 7. 6. Et plus
bas 11. l'Ecriture marquant le tems plus
précisément, dit que les cataractes des
Cieux s'ouvrirent le dix-septiéme du se-
cond mois de la sixcentiéme année de
Noë, *anno sexcentesimo vita Noë mense secundo septimo decimo die mensis.* Si par
l'Ecriture il paroît que les hommes comptoient l'année sixcentiéme lorsque les 600
étoient passez. Donc ils auront 700.
800 900 &c. lorsque 700, 800, 900 seront passez, *& sic in infinitum.* Il y a encore plusieurs lieux de l'Ecriture où nous
lisons 20° 30° 50° année pour 20 ans,
30 ans, 50 ans acomplis, *Levit. ch.* 17.
Num 1. 2.

Pour reduire la question en deux mots,
il s'agit de sçavoir si quand on écrira 1700
ans, 1700 ans seront complets, ou si l'on
entrera seulement dans la 1700e année ;
& pour reduire aussi la solution en peu
de mots, je dis qu'on a compté l'âge du
monde comme celuy de l'homme ; que
comme on n'a jamais donné vingt-cinq

ans à un homme qui entre dans sa vingt-
cinquiéme année, on ne peut donner à
l'Ere chrétienne 1700 ans, entrant dans
la 1700e année. Que l'Horloge est la mesure des années & des siecles; par consequent, si touchant une heure, une heure est passée, touchant 1700, 1700 ans seront passez; que le tems qui court depuis 1699, n'appartient pas plus à 1699,
que celuy qui court depuis la premiere
heure, appartient à la premiere heure:
Qu'il est certain qu'on a compté le premier
âge du monde sur celuy des premiers hommes; par consequent qu'Adam ayant 930
ans, on comptoit 930 ans passez de la création du monde; mais qu'il est arrivé que
les Chronologistes ont pris 930e année pour
930 ans passez; ce qui a fait une année d'erreur, qui ne se peut prescrire; en sorte que
comme en commençant de compter 930,
les 930 ans estoient accomplis, il faut neces-
sairement qu'en comptant 1700, 1700 ans
soient accomplis. Ce qu'il faloit démontrer

- -

Permis d'imprimer. Fait ce 17. Mars 1699.
M. R. De Voyer d'Argenson.